楽しい調べ学習シリーズ

よくわかる知的財産権

知らずに侵害していませんか？

[監修] 岩瀬ひとみ

PHP

よくわかる知的財産権

もくじ

この本の使い方……… 4

第1章 身の回りにある知的財産権

知的財産権って何？……… 6
ノートに落書きは違法？……… 8
宿題ロボットで特許？……… 10
かんたんにとれる知的財産権？……… 12
洋服のデザインを守るのは？……… 14
名前を独占できる？……… 16
column 会社での新発明はだれのもの？……… 18

第2章 知的財産権と関連する法律

文章や絵を守る著作権……… 20
著作物とはどんなもの？……… 22
発明を独占できる!? 特許権……… 24
デザインを守る意匠権……… 26
権利がつづく!? 商標権……… 28
違反を防ぐ不正競争防止法……… 30
発明家の助っ人！ 弁理士……… 32

特許庁ではたらく人 ……………………………………… 34

column ©マークと方式主義・無方式主義 ……………… 36

第3章 合法？ 違法？ あなたが裁判官なら

有名な芝居を演じたら？ …………………………………… 38
プライバシー権とパブリシティ権 ………………………… 40
映画館で録画したら？ ……………………………………… 42
本の一部を宿題に使いたい!! ……………………………… 44
海賊版をダウンロード!? …………………………………… 46
ゆるキャラが採用されたら？ ……………………………… 48
同時に発明が生まれたら？ ………………………………… 50
ニセモノを買っちゃった!? ………………………………… 52
本物に似せたお菓子？ ……………………………………… 54
ベストセラーのパロディ!? ………………………………… 56
有名会社の名前を使える？ ………………………………… 58
column 「自炊」をしたのはだあれ？ ……………………… 60

あとがき ………… 61
さくいん ………… 62

この本の使い方

第1章 身の回りにある知的財産権
知的財産権はわたしたちの身近にあります。知的財産権とは何かを身近なものを通して理解しましょう。

第2章 知的財産権と関連する法律
知的財産権には、具体的にどのようなものがあるのでしょうか。また、それらはどんなときに力を発揮してくれるのでしょうか。関連する法律とともに学びます。

第3章 合法？ 違法？ あなたが裁判官なら
知的財産権の侵害になるのかどうか迷う身近なケースを紹介します。裁判官になったつもりで考えてみてください。

こんなときはどうする？

プラスアルファの豆知識

コラム

こうやって調べよう

- 「知的財産権の侵害かも？」という疑問がわいた。　⇒⇒　第1章
- 知的財産権にはどんなものがあるの？　⇒⇒　第2章
- 過去の裁判でどんな判決が出たの？　⇒⇒　第3章

第1章

身の回りにある知的財産権

知的財産権って何？

　知的財産権っていったいどんな権利なのでしょう？

　えんぴつ、消しゴム、ゲーム機など、形があって目に見える「有体物」は、人にとられないようにどこかにしまいこんでおけば、だれかに使われることはないでしょうし、もしだれかに使われたら、返してといえばいいわけです。

　では、あなたが書いた作文や音楽(それらの内容)、アイデアはどうでしょうか。こうしたものは形のない「無体物」です。したがって、えんぴつや消しゴムのように引き出しや道具箱にしまうことはできません。

　だれかが何かの絵を描くときに、あなたの絵を見て「この絵、いいな」と思ってそれを真似してよく似た絵を描いたら……。あるいは、あなたの作文の一部を勝手に使って本を書いた人がいたらどうでしょう。

　形のないものはだれかがコピーして使ったとしても、あなたの元からなくなるわけではありません。そのままではだれでも自由に使えるわけです。

　そこで登場するのが作文、絵、音楽など、形のないものを守るための権利、「知的財産権」です。

　では、知的財産権に守られているものにはどんなものがあるでしょう。実は知的財産権は、あなたの身近にたくさんあふれています。

知的財産権はくらしの中にもあふれている

【著作権】ゲームを動かすプログラム

【意匠権】ゲーム機の形やデザイン

いま夢中のあのゲームにだって

ピアノで弾いている曲の歌詞・楽譜 【著作権】

毎日練習しているピアノの演奏にも

第1章 身の回りにある知的財産権

たくさんある！知的財産権のいろいろ

つくったものに関する権利

- **特許権**
  - 発明そのものを守る
  - 出願から20年間有効

- **実用新案権**
  - 物の形の工夫を守る
  - 出願から10年間有効

- **意匠権**
  - 物のデザインを守る
  - 登録から20年間有効

- **著作権**
  - 小説・マンガ・音楽などを守る
  - つくった人の死後50年間有効（法人は公表後50年間、映画は公表後70年間有効）

- **回路配置利用権**
  - デジカメやパソコンなどに使われているICチップの回路配置を守る
  - 登録から10年間有効

- **育成者権**
  - 植物の新しい品種を守る
  - 登録から原則25年間（樹木30年間）有効

- **営業秘密**
  - 商売のやり方やお客の住所、電話番号などのリストなど、秘密にしている情報を守る

商売にあたっての表示に関する権利

- **商標権**
  - 商品やサービスに使われるマークを守る
  - 登録から10年間有効（更新すればそのあとも有効）

- **商号**
  - お店の名前などを守る

- **商品表示、商品形態**
  - 同じような名前、同じような形のものをつくってはいけませんという規制

- **産業財産権**
  - 知的財産権のうち、特許権、実用新案権、意匠権、商標権は「産業財産権」とよばれています

お父さんのノートパソコンには
- **著作権** パソコンに表示されたプログラムデータ
- **意匠権** パソコンの形やデザイン
- **商標権** パソコンに使われているイラストやロゴマーク

ママの見ているテレビドラマも
- **著作権** ドラマのシナリオ
- **意匠権** テレビの形やデザイン
- **特許権** テレビやリモコンのしくみ

ノートに落書きは違法？

　マンガが大好きという人は多いのではないでしょうか。なかには将来、マンガ家になりたいと考えている人もいるかもしれません。そんなマンガを守るのは「著作権」という権利です。マンガのほか、映画や小説、写真、コンピュータプログラム、音楽なども著作権により守られていて、これらを無断でコピーなどをしてはいけないとされています。

　また、著作権は出版されたものだけを守っているわけではありません。たとえ手書きの作品であっても、だれかのものを勝手に使ってはいけないと決められています。

　ただし、例外もあります。たとえば授業中、退屈しのぎに大好きなあのマンガ、その中でもいちばん好きなシーンを思い出して、そのコマに登場するキャラクターを思わずノートに描いてしまった……。

つくった人のゲームや
マンガキャラクターを
守る著作権！

正義の味方やスーパーヒーローを勝手に使われないように守っている、さらに強い存在。それこそが著作権なのです！

ハローキティ©1976,2015 SANRIO CO.,LTD.
マリオ画像提供：任天堂株式会社
鉄腕アトム©手塚プロダクション

第1章 身の回りにある知的財産権

そのとき、この落書きによって、あなたが著作権侵害で訴えられてしまうなどということはあるのでしょうか。もしそんなことがあったら、全国の小学生がたくさん訴訟に巻きこまれてしまうかもしれません。

そうならないようにするために考えられたのが、「自分一人で楽しむためになら、だれかの作品を真似してもいいよ」という例外、「私的使用のためのコピー(複製)」です。

では、私的使用のためのコピー(複製)はどこまで許されるのでしょう。これはとてもむずかしい問題です。1987年、ある小学校が卒業制作でプールの底に有名なキャラクターを描こうとしました。ところが、これが著作権侵害とされ、結局消されることになりました。

一見、ノートの落書きと変わらないように思えますが、卒業制作はいろいろな人から見られるものであるし、「私的使用」とはいえない、と判断されたようです。

私的使用はどこまでOK？

ノートの落書きはセーフ！

卒業制作でつくったプールの絵はアウト！

ノートの落書きはOKでも卒業制作はダメ？「私的使用」がどこまで許されるかはむずかしい問題。

マメ知識
私的使用のほか、公共の図書館でのコピー、学校の教科書への掲載、学校でのコピーなども、一定の要件を満たせば許されることになっています。

宿題ロボットで特許？

　みなさんは学校から家に帰ってまず何をしますか？ゲームをする、マンガを読む、友だちの家に遊びに行く……。そんな人が多いかもしれません。しかし、その前にお母さんから「宿題は!?」と聞かれて、重い気持ちになることもあるのではないでしょうか。

　もし、あなたの代わりに宿題をやってくれる「宿題ロボット」を発明したら、きっとクラスの人気者になれることでしょう。

　新しい発明には、「特許権」という権利があたえられます。しかし、この特許権をとるためには、いくつかの条件を満たす必要があります。まずは、「発明」であることが必要です。

宿題ロボットがあったら!?

宿題を代わりにしてくれるロボットをみんなが待っているかもしれません。

マメ知識

「発明」と誤解されることが多いのが「発見」です。発見はこれまで認識されていなかったものごとを見つけることです。それだけでは発明にはなりません。

第1章 身の回りにある知的財産権

では、発明とはいったい何でしょう。法律では発明を「自然法則を利用した技術的アイデアの創作のうち高度なものをいう」としています。なんだかむずかしい説明ですが、ごくかんたんにいうと、技術に関するアイデアで、「高度なもの」であるということです。かんたんな思いつきだけでは、特許権を取得することはできません。

それから発明が、①産業において利用可能なものであること、②新しい技術であること（これを新規性といいます）、③かんたんに考えつくことができないものであること（これを進歩性といいます）なども必要です。

もしも、これらの条件を満たした宿題ロボットを発明することができれば、特許権をとることができるかもしれません。

自然法則を利用した高度な技術的アイデアこそ特許の対象になり得るのだ！

自然法則を利用したしくみでなければ特許を得ることはできない、という決まりがあります。

岩を使ったマンモスの狩猟法。でもそれだけでは発明にはなりえない……。

ミニコラム 消すことができるボールペンは特許？？

近年、書いた文字を消すことができるボールペンが売られています。このペンの仕掛けは、使われているインクにあります。文字をこすることによって温度が上がるとインクが無色に変わり、紙に書かれている文字や絵などが消えるというしくみなのです。

これは自然法則を利用したアイデアと認められ、特許をとることができました。ただし、特許を取得したのはボールペンではなく、その特殊なインクです。ボールペンの登場は2006年（日本での発売は2007年）ですが、元となるインクの発明はさらに古く1970年代。「メタモインキ」と名付けられたこのインクが当時、特許をとったのです。

かんたんにとれる知的財産権？

特許権をとれるほど高いレベルの発明ではないけれど、面白いアイデア商品を思いついた！　こんな小さな発明、「小発明」を守るのが「実用新案権」です。実用新案権も特許権と同様、自然法則を利用した技術的アイデアでなくてはならず、特許庁の登録が必要で、また、新しさやかんたんに思いつかないアイデアであるといった要件が必要とされます。

しかし、登録の段階では新しさやアイデアのむずかしさについては審査されず、書類が整っていればいいのでわりとかんたんに登録されます。登録してから権利が守られる期間は、出願から10年間です。

お菓子を食べながら自動でマンガのページがめくれたら……？

ふだんの生活を便利にするためのアイデア。それこそが実用新案の特徴なんだ。

手を使わずにマンガが読める……。何かと何かを組み合わせるかんたんなアイデアで、そんな素敵な装置ができるかも。

第1章 身の回りにある知的財産権

　実用新案権は物の形、構造や組み合わせを保護するもので、たとえばすでにあるものに少し工夫を加えて生まれたものも少なくありません。あなたの家に、足の裏がふれる部分にデコボコがついたスリッパはありませんか。これは足の裏にあるつぼを刺激するための「デコボコ」と「スリッパ」を組み合わせたもので、実用新案権がとられているものもあります。

　このように日常生活で何気なく使っているもので、少し改良すれば使いやすくなるようなアイデアであれば、実用新案権をとることができるかもしれません。

むずかしい技術や理論がなくても、権利を取得できるのが実用新案権です

いまではどこのおうちでもよく見るようになった足つぼスリッパも、足つぼ健康器具とスリッパを組み合わせた実用新案として、保護されたものがありました。

洋服のデザインを守るのは？

あなたのお気に入りの洋服はどんなデザインですか？ 洋服にかぎらず、かばん、くつ、文房具、食器など、お店に並ぶ商品には、さまざまなデザインのものがあります。物の形、模様、色やそれらの組み合わせのパターンは、ほとんど無限といっていいほどです。

服だけじゃない！
マネキンも意匠権の対象です！

すてきなデザイン……。
このデザインも、きっとだれかが権利を持っているのよね。

百貨店の洋服売り場。お店に並ぶ服などのデザインは意匠権によって守られているものがあります。

マメ知識
通常は1つの物品の全体が意匠権の対象となりますが、特殊な意匠として、物品の一部のみについての「部分意匠」、コーヒーセットやテーブルセットなどの一定のセットものについての「組織の意匠」などもあります。

第1章 身の回りにある知的財産権

そんな商品のデザインは、お客さまが最初に手にとってくれるかどうかを決める重要なポイント。だからこそ、つくっている会社はたくさんの時間とお金をかけ、多くの人が好むデザインを送り出そうと日々努力しているのです。苦労して考えたデザインをほかの人に真似されないように保護するのが「意匠権」です。

意匠権も特許と同じように、特許庁で登録されることによって、はじめて保護されるものです。登録されるためには、工業的に大量生産されるものであること、以前からあるデザインではない新しいものであること、そして以前からあるデザインをベースにかんたんに思いつくようなものではないこと、といった条件が必要です。そして登録されれば20年間保護がつづきます。

ミニコラム 意匠権の対象はどこまで？

意匠権は工業的に量産されるものに対して有効です。たとえば芸術家の絵や彫刻、これらは意匠権の対象ではありません。これらを守っているのは著作権です。

そのほかビルのデザインなど、動かせない建物のデザインも意匠権の対象にはなりません。ただし、電話ボックスやかんたんに組み立てられる簡易家屋など、設置前にかんたんに動かせるものは意匠権の対象になります。

名前を独占できる？

世の中には、古くから使われている定番商品、ロングセラーの商品があります。そうした商品は、商品につけられた名前でよばれることが多いです。

ある日、あなたはお母さんに「ちょっと○○買ってきて」とお買い物を頼まれました。だれもがよく知る製品だからこそ、「○○買ってきて」といわれて、すぐに「はーい」とこたえます。ところが、その商品とまったく同じ名前のものを、別のメーカーでも出していたとしたらどうでしょう。

スーパーに行って、お母さんからお願いされたものと別のものを買ってしまったら、お母さんのカミナリが落ちるかもしれません。

こんな混乱を防ぐためにあるのが「商標権」です。商品やサービスの名前、あるいはロゴマークなどを商標として登録することで、ほかの人は同じ名前やよく似た名前を使えなくなるというわけです。

もしも同じ名前の牛乳があったら？

どっちの牛乳だっけ？

○○牛乳買ってきて

優れた製品の名前が世の中でたくさん使われていたら……。買い物を頼まれたときにどれを買ったらいいか、わからなくなってしまうことでしょう。

第1章 身の回りにある知的財産権

さて、サービスにもいろいろありますが、テレビに出ているタレントたち。彼らも電波を通して見る人にサービスを供給しています。そんな彼らの商品名、つまりタレントの人名を商標として登録することはできるのでしょうか？

商標にはルールがあり、たとえば、ありふれた名字だけを登録することはできない決まりになっています。よくある名字、たとえば田中や佐藤といった名字が商標とされてしまえば、困る人が大勢出てしまうからです。

もっとも、国民的アイドルやプロスポーツ選手などの超有名人となれば、話はまた別です。芸能人やプロスポーツ選手、芸術家などの中には、名前を商標登録している人もいるようです。

マメ知識
個人の芸人や俳優で名前を商標登録している例は、それほど多くはありませんが、有名なアイドルやバンドなどではグループ名を商標登録している例がたくさんあります。

名前の独占権を持つ商標登録

オリンピックのマークは超高価!?

人の名前など文字の組み合わせだけではなく、図形や会社、団体のロゴマークなども商標として登録をすることができます。

ロゴマークとしての商標登録で、もっともよく知られているもののひとつにオリンピックのシンボル（五輪マーク）があります。日本でも2020年に東京オリンピック・パラリンピックが開催される予定となっていますが、このオリンピックのマークは国際オリンピック委員会（IOC）が管理しています。何かの商品にマークを使おうと考えたら、多額の協賛金を支払い、公式スポンサーにならなければいけません。

会社での新発明はだれのもの？

　会社ではたらく従業員が仕事をするなかで発明をした場合、その発明は会社のものになるのか、それとも発明をした個人のものになるのかについては古くから議論されてきました。日本では2015年の法律改正によって、最初から会社のものにすることができるようになりましたが、それまではすべて発明した人のものでした。その場合でも、発明者が権利を会社にゆずることもあります。会社がゆずり受ける場合、会社はその発明に見合ったお金を発明者に払わないといけません。

　2014年にノーベル物理学賞を受賞した電子工学者の中村修二さんの青色発光ダイオードに関する裁判について聞いたことはあるでしょうか。

　中村さんは、発明に対して支払われた金額が十分ではなかったということで会社を訴えたのです。このケースでは会社が約8億円を支払うということで和解しましたが、このような裁判はこれまでにたくさん起こされており、会社にとっては頭の痛い問題になっていました。

新発明をした従業員にはいったいいくら払えばよいのか？というのはむずかしい問題です

第2章

知的財産権と関連する法律

文章や絵を守る著作権

　ここでは、著作権について考えてみましょう。
　小説や絵、音楽などを守っている権利には、大まかに分けて、「著作者人格権」と「著作権（著作財産権）」の2つがあります。
　まずは「著作者人格権」です。小説や絵、音楽などを世の中に発表するかどうか、それを決めることができるのは、それを創作した著作者自身です。だれかが勝手に、ほかの人がつくった作品を発表するようなことがあってはいけません。また、著作者人格権には、作品を実名で発表するかどうかを決める権利、作品の内容を自分の意に反して勝手に変えたりされない権利もふくまれています。こうした権利を守るのが著作者人格権です。

高いお金を出して絵を買っても、著作権がなければ絵を使って商売はできないのかあ……。

著作権と所有権は別のものであることを知っておく必要があります！

オークションで絵の著作権は買えません

著作権はあくまで絵を描いた人にあります。

第2章 知的財産権と関連する法律

　もうひとつの著作権は複製権や上演権、上映権などのたばであって、作品をコピーなどして商売をするときに必要な権利です。

　たとえば絵画でのケースを考えてみましょう。毎年、海外で開催される有名なオークションでは、目の玉が飛び出るほど高価な値段で絵が取引されています。その絵を購入した人は、その購入価格で絵を持つ権利、つまり所有権を得たことになります。しかし、所有権を得ても、その絵の著作権を得たわけではありません。

　著作権を持たずに、購入者がその高価な絵を勝手にコピーして他人に売ったりすると訴えられたり、罰せられたりすることになります。これは、映画や音楽についても同じことです。これらは上演権、演奏権で守られており、他人のつくった映画を勝手に上映したり、勝手に演奏したりして商売をしてはいけないことになっています。

著作物とはどんなもの？

著作権が守っている「著作物」とは、どんなものなのでしょうか。法律で、著作物は次の4つの要件を満たしていなければならないと決められています。これらをすべて満たしたものだけが、著作物と認められます。

要件1 「思想または感情」の表現であること

思想または感情というのは**つくった人がどんなことを考えたか、どういう気持ちだったか**ということです。そういう考えや気持ちが表現されているものが著作物です。事実の伝達にすぎないものは著作物ではありません。

要件2 「創作的なもの」であること

著作物はそれを**つくった人が自分の頭で考え、その考えをもとにしてつくり出したものでなければなりません**。たとえばだれかが考えたものを真似してつくられたものは、著作物として認められることはありません。

要件3 「表現したもの」であること

「表現したもの」。つまり**目に見えたり、耳で聞こえたりするかたちになっていなければならない**、ということです。いくらすばらしいアイデアであっても、ゲームのルールそのものなどはアイデアにすぎないので著作物ではありません。

要件4 「文芸、学術、美術または音楽の範囲に属するもの」であること

著作物は、**文芸、学術、美術、音楽という4つのジャンルにふくまれるもの**でなければならず、実用を目的とした工業製品などはこれら4つの範囲には入らないので、基本的に著作物としては認められません。

第2章 知的財産権と関連する法律

こんなにある著作物のいろいろ

言語
学会で発表される論文、小説や詩などの文芸作品、俳句など

音楽
楽曲や楽曲をともなう歌詞

舞踊や無言劇
日本舞踊やバレエ、ダンスのほかパントマイムの振り付けなど

美術作品
絵画や版画、彫刻やマンガなど

地図、図形
地図のほか、図表や模型など

プログラム
コンピュータプログラムなど

映画
劇場用作品、テレビ上映用作品、ビデオソフト、ゲームソフトなど

写真
グラビア写真、芸術性の高い写真など

このほか、百科事典や雑誌、新聞、外国の作品を翻訳した小説なども著作物です。また、憲法や法令、裁判所の判決などは、著作物としては認められますが、著作権はないとされています。

発明を独占できる!? 特許権

　特許権は技術に関する新しいアイデアを守る権利で、登録されると出願から20年間保護されます。特許権で保護されるアイデアを他人が無断で使用して商品を販売した場合には、その人に対して、その商品の販売をやめるように求めることができ、損害賠償請求をすることもできます。
　このように特許の「守る力」はかなり強いですが、その分、認められるためにはいくつかのむずかしい条件をクリアしなければなりません。

これらをすべてクリアしてはじめて**特許権を取得できる**！

- 産業上利用可能性があること
- これまでに特許の出願がされていないもの
- むずかしい発明でなければダメ
- 新しい発明でなければダメ
- 公序良俗に反する発明はダメ

特許取得のためには、さまざまな条件をクリアしなければなりません。でも、すべてクリアしたら……？

第2章 知的財産権と関連する法律

では、その条件についてそれぞれ見ていきましょう。

まずは、アイデアが「発明」である必要があります。発明は、自然法則を利用したアイデアでなければなりません（→11ページ）。ゲームのルールなどは人がつくったものですし、算数の公式なども、それ自体が自然法則を利用した発明ではないため、発明とはいえません。

次に、「産業上利用可能性があること」。特許は産業の発展のために考えられたものなので、この条件が必要です。

また、「新しいアイデアであること」も重要な条件です。特許をとろうとするときは、同じような発明がないかを、よく調べておく必要があります。

そのほか、かんたんに思いつけるような発明は、保護する必要がないため認められません。よくよく頭をひねって考え、なかなか思いつかないようなアイデアを生み出す必要があります。

「先に出願された同一の発明が存在しないこと」も大切です。「これはすばらしいアイデアだ！」と思っても、先に同じアイデアを考え出し、特許を出願している人がいないかどうかを調べておきましょう。

最後に、「公序良俗に反しないものであること」。法律に反するものや道徳的によくないことのための発明では、特許の取得はできません。

特許権はお金になる！……こともあります。

画期的な発明をすればたくさんの人が集まってくるかも……？

特許を取得した発明を利用したい人は、権利者から許諾を受ける必要があり、その際にお金を支払わなくてはならないことが多いです。

マメ知識
日本に特許の制度が生まれたのは1885年（明治18年）。当時は外国からさまざまな技術が日本へと入ってきました。それに対抗すべく、日本ならではの技術を応援していこうということからスタートしました。

デザインを守る意匠権

　色とりどりのワンピースやブラウス、スカートなどが並ぶデパートの洋服売り場。あれも欲しい、これも欲しいと思わず迷ってしまうほど、たくさんのデザインがあります。

　どんなにきれいな洋服も、オーダーメイドでないかぎりは大量生産によってつくられていますが、それでも元のデザインは、デザイナーがああでもない、こうでもないと試行錯誤して、独自のデザインを考え出しています。そのデザインをほかの人にとられてしまわないように、と考えられたのが「意匠権」です。

お気に入りの洋服のデザインがだれかにとられちゃったら……？

流行の最先端、そんなデザインこそねらわれやすいのだ。

洋服に使われているデザイン。デザイナーが苦心して考えたデザインを勝手に使われないように守っているのが意匠権なのです！

第2章 知的財産権と関連する法律

　ここでは洋服のデザインの例をあげましたが、どんなデザインでも意匠権で保護されるというわけではありません。意匠権には、「工業的に大量生産できる」という条件がつけられています。

　たとえば、彫刻など個人がつくり出す芸術作品は、意匠権で守られるものではありません。一方で大量生産によりつくられるもの、たとえば自動車や電化製品、そのほか宝飾品（指輪やネックレスなど）などは、意匠権によりデザインが保護されます。

　なお意匠権も、特許権と同じように新しさがあることや道徳的に問題がないこと、かんたんに思いつかないものであること、といった条件がつけられています。また権利が認められれば20年間権利が守られます。

「大量生産できるもの」それこそが意匠権の条件！

> 量産できない美術品は「著作権」、工場でつくる製品のデザインが「意匠権」によって守られています。

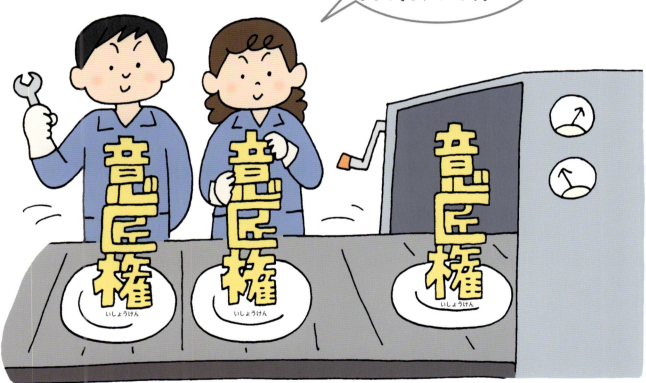

> 日常目にするあんなもの、こんなものの元のデザインが、意匠権によって守られているかもしれません。

マメ知識
意匠は公開されてしまうと盗用の危険がでてきますので、発売まで秘密にしておきたい場合などに、設定登録後最大で3年間、登録意匠の内容を秘密にしておく秘密意匠という制度があります。

権利がつづく!? 商標権

あなたはある日、テレビのCF（コマーシャルフィルム）を見て「あ、この商品いいな、欲しい！」と思いました。そして、さっそく次の日、「テレビで宣伝していたあの商品をください」と近くのお店を訪ねました。

ところが、「ああ、あの商品ですね」とお店の人が出してきてくれたものは、どこかがテレビで見たものとちがっているような気がします。おかしいな、と思いつつそれを買って帰ったあなた。その夜、テレビで流れた商品のCFを見て、買ってきたものとのちがいがわかりました。商品名が1文字だけちがっていたのです。こんなのアリ……？

ええっ？ これだったっけ……。
どこかちがうような気がしませんか？

あれ？ あの商品の名前、商標権とってなかったのかしら？

欲しいと思ったあの商品。これって何かがちがう？ そんな経験はありませんか？ 商標登録して商標権を取得すると、まぎらわしい名前やロゴは、使えなくなります。

第2章 知的財産権と関連する法律

そんな問題が起きないように、と考えられたのが「商標権」です。商標登録をして商標権を取得することで、同じような商品名、まぎらわしい商品名を使えなくすることができます。

商標権が守ってくれるのは、文字で表した名前だけではありません。イラストや図形などを守る「図形商標」やエンブレムなどを守る「記号商標」のほか、店舗の外に立つ看板や人形なども商標権取得の対象です（立体商標）。

そのほか、商標登録の大きな特徴のひとつに、「いつまでも持ちつづけられること」があります。ほかの知的財産権とちがって、有効期限の10年ごとに更新する必要はありますが、それさえ行えば、いつまでも権利を持ちつづけることができます。商標権の大きな強みのひとつといえます。

かぎりなくつづけられる権利
それこそが商標権の強さです

ロングセラー商品は何度も更新しているものが少なくありません。

10年に1度の更新さえすれば、いつまでも権利を主張することができます。

ミニコラム 世界のキャラクターが大集合!? 中国「石景山遊楽園」

世界各地の人気キャラクターが集まる遊園地が中国にあります。石景山遊楽園というこの遊園地では、ミッキーマウス、くまのプーさん、ドラえもんなどに似たキャラクターを見ることができますが、いずれもつくった人に許可を得ていません。もちろん、これまでに何度も訴えられてきましたが、当の遊園地は「真似したわけではない」と強気。日本でもニュースになるなど世界じゅうで問題が取り上げられ、さすがに一部のキャラクターが姿を消しましたが、まだまだこの遊園地ではどこかで見たようなキャラクターがたくさん登場します。たくましい……のでしょうか？

ニセディズニー 魔法はげた

本家通報、「まね」認めた

［北京＝吉岡桂子］ミッキーマウスやキティちゃんなどのキャラクターの無断使用が問題視されている北京市郊外にある石景山遊楽園に対して、米・ウォルト・ディズニーの通報を受けた同市政府などこのほど、調査を始めた。12日までに新京報など地元紙が伝えた。

ディズニー側は、遊園地がミッキーマウスなどのキャラクターやシンデレラ城によく似たものを使っていた、と指摘。当局の調査を受けて遊園地側も、当初は否定していたが「積極的にまねをしたわけではない」とコメントしている。

北京の石景山遊楽園で9月7日、人のこびとに囲まれた女性の像を取り壊す中国人労働者＝AP

写真提供：朝日新聞社

違反を防ぐ不正競争防止法

　偉大な発明をする研究者がいる一方で、世の中には悪い人もたくさんいます。だれかがつくり、考え出したアイデアを勝手に利用して、お金もうけをしようという人も少なくありません。

　そうした悪人を取り締まる法律が「不正競争防止法」です。この法律はさまざまな不正な行為（「不正競争行為」とよばれます）を規制していますが、代表的なものとしては、有名な商品の形態（またはその商品名）を真似した商品を売ることです。お店に買い物に来た人に、同一商品と誤解させてしまうようなものは、不正と見なされるのです。

人のアイデアを黙ってとるのは反則！

売れてる商品の形や名前、発明になりそうなアイデアは、とられてしまうことがあります

アイデアを盗み出し、商売に使おうという人もいます。そんなアイデアドロボウを取り締まるのが不正競争防止法の役割のひとつです。

そのほか、会社が秘密にしているある商品の生産の方法や販売の方法などの情報を、こっそり盗み出したりするスパイ行為も不正な行為です。たとえその商品を真似しなかったとしても、その情報を盗み、知ろうとする行為だけで法律違反となります。

では万が一、こうした行為で会社が被害を受けた場合、どのような行動を起こしたらよいのでしょうか。その対処法についても、この法律で決められています。

被害を受けた人や会社がどうすればいいのかも決まっています

○月○日 日直 ○○○

不正競争防止法にある不正行為への対処法いろいろ

1. 差し止め請求権
不正な行為そのものを停止、または予防することを請求できます。

2. 廃棄除却請求権
不正行為によってつくられたもの、あるいはその設備を取り去ったり、捨てたりすることを請求できます。

3. 信用回復措置
不正な行為によって失われた信用を回復するための措置をとらせることができます。

4. 損害賠償請求
不正な行為によって受けた損害をお金で賠償するよう請求することができます。

中国産？ 日本産？ 給食の野菜、どこから来た!?

2008年11月、キャセイ食品という会社が中国産の野菜を日本産とウソをついて、給食用などに出荷していることがわかりました。この会社は経営が苦しく、中国の野菜を日本でとれたとウソをついて高い値段で出荷していたということです。不正競争防止法違反として社長らが逮捕されたこの会社は、2009年3月に解散。悪いことをしたら、いつか罰を受けなければならないのです。

発明家の助っ人！弁理士

　ある日、あなたはこれまでにない歴史に残るような大発明をしました。するとあなたの会社は、その発明について特許を出願しようと考えました。また、あなたの所属する会社が使っているロゴマークについて、ほかの会社が真似できないように、商標登録しようと考えたとします。

　これらの場合には、特許庁に必要な書類を提出する必要があります。そのとき、提出しなければならない書類にはさまざまな決まりごとがあります。

　このような複雑な出願書類の作成や、ほかの発明についての調査といった、たいへんな作業をあなたの代わりにしてくれるのが、弁理士とよばれる人たちです。

　また、弁理士の仕事は知的財産権の出願手続きだけではありません。仮に同じような発明をほかの人も考えていた場合、どちらが権利の取得にふさわしいかということで、裁判になることもあるでしょう。そんなとき、弁理士は弁護士とともにあなたに代わって裁判に出席してくれます。いわば知的財産権を取得しようという人や会社の助っ人が、弁理士というわけです。

発明家や権利を持った人の強ーい味方！

同じような発明がこれまでにないか、を調べたり……

問題が起こったときに力になってくれるのが弁理士だ！

あなたの代わりに特許や商標の出願をしたり、問題が起きたときに助けてくれたりする。それが弁理士という仕事なのです。

第2章 知的財産権と関連する法律

　では、そんな弁理士になるためにはどうしたらよいのでしょうか。
　弁理士として登録するためには資格試験に合格し、実務修習という研修を受けなくてはなりません。現在、弁理士の資格試験は毎年1回、3段階に分けて行われています。例年5月に1次試験、7月に2次試験、10月に3次試験が行われます。1次試験に合格した人だけが2次試験に、そして2次試験に合格した人だけが3次試験に進めます。
　ただし、弁護士の資格を持っている人や、特許庁で通算7年以上審判官、または審査官として審判または審査の事務に従事した人は、これらの試験は免除となります。
　試験に合格した人は実務修習という研修を受け、これを修了すると、ようやく弁理士として登録することができます。なお、試験免除の対象となっている弁護士の人なども、この実務修習は受けなくてはならないことになっています。

 マメ知識

> 公表されている情報によると、2014年の弁理士試験の合格率はわずか6.9％。また、合格者のうち女性の割合は23.1％ですが、年々女性の合格率は上がってきています。

特許庁ではたらく人

　弁理士が知的財産権のエキスパートである、ということは前の項目でご紹介しましたが、特許などの出願を受け、それを認めるか認めないかの判断をするのが特許庁です。

　2014年の日本での特許出願件数は32万5989件。これだけの件数について、過去に同様の発明がなかったかなど、発明についての精査をするのは並大抵のことではありません。

　その組織はおおまかに審査部、審判部、総務部などに分けられていますが、出願された発明を審査するのは文字通り審査部。審査官に求められる知識は膨大で、すぐに審査官になれるわけではなく、何年か審査の事務に従事して経験を積まなければなりません。

　過去に同じような発明がないかについて調べるため、特許庁は独自のデータベースを持っています。このデータベースでは特許公報はもちろん、各種の雑誌や本など多くの文献を検索することができます。審査官はこれを使って特許を認めるかどうかを判断するというわけです。

32万件を超す出願と戦う特許庁の職員！

膨大な量のデータベースから同じような発明がないかを調べる……。特許庁審査官の仕事は気が遠くなるようなものです。

第2章 知的財産権と関連する法律

　似たような発明が見つかった場合には、特許は認められません。ただし、その場合にはどのような点が問題となって認められなかったのかを出願者に通知します。そして、問題点が改善、あるいは解消されれば、特許が認められます。
　出願された発明を審査する。言葉にするとかんたんですが、膨大なデータベースを駆使し、そのうえで慎重さも求められるため、審査官が1日に審査できるのはわずか1、2件だそうです。さらにとてもたくさんの出願件数があるために、現在出願者が特許庁に申請してから返答があるまでには1年以上かかるという状況がつづいています。
　なお、特許庁は特許以外にも実用新案、商標、意匠の登録もあつかっています。

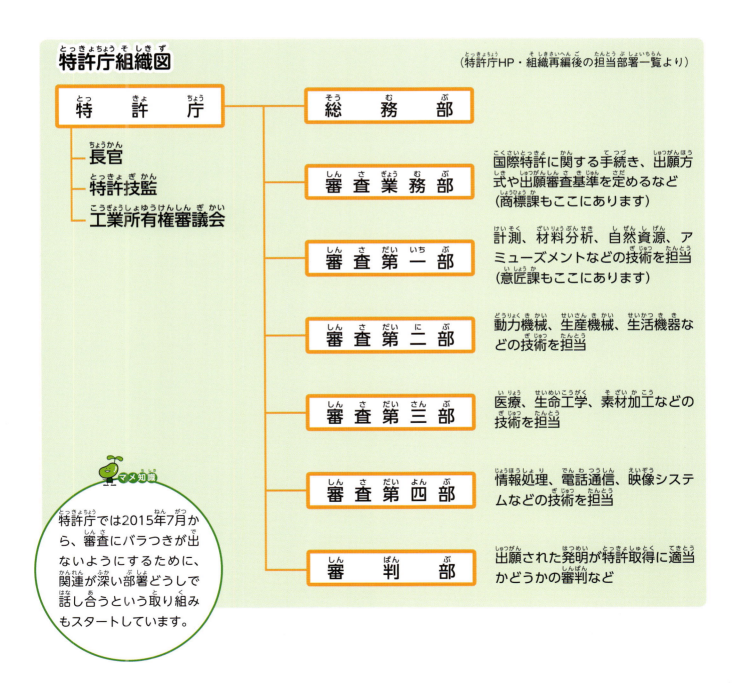

特許庁組織図（特許庁HP・組織再編後の担当部署一覧より）

- 特許庁
  - 長官
  - 特許技監
  - 工業所有権審議会
  - 総務部
  - 審査業務部：国際特許に関する手続き、出願方式や出願審査基準を定めるなど（商標課もここにあります）
  - 審査第一部：計測、材料分析、自然資源、アミューズメントなどの技術を担当（意匠課もここにあります）
  - 審査第二部：動力機械、生産機械、生活機器などの技術を担当
  - 審査第三部：医療、生命工学、素材加工などの技術を担当
  - 審査第四部：情報処理、電話通信、映像システムなどの技術を担当
  - 審判部：出願された発明が特許取得に適当かどうかの審判など

マメ知識
特許庁では2015年7月から、審査にバラつきが出ないようにするために、関連が深い部署どうしで話し合うという取り組みもスタートしています。

©マークと方式主義・無方式主義

©(コピーライトマーク、マルシー)というマークを見たことはありませんか？
このマークは著作者・著作権者の名前や著作物の公表年などをいっしょに記すことで、読む人に著作権の保有者や著作者がだれなのかがわかるようにするものです。

とはいえ、日本ではこの©マークを記すか記さないかで、著作権が守られるかどうかが決まっているわけではありません。それは、現在の日本では「無方式主義」を採用しているからです。さて、無方式主義っていったい何のことでしょう？

無方式主義は、文章や絵などが創作された時点で、それを創作した人に著作権が自動的に発生するという取り決めです。国によっては、きちんとした手続きを経ないと、創作したものを著作権に守ってもらうことができないところもあります。これは無方式主義とは反対に「方式主義」とよばれます。もともと©マークは、著作物が方式主義の国でも、無方式主義の国と同様に保護されるためのものとして生まれました。

しかし世界を見わたしてみると、現在ではこうした方式主義を採用している国はごくわずかしかありません。少なくとも日本では、©マークをつけなかったからといって、著作権が生じないということはないのです。だれがこの本を書いたのか、あるいはだれが著作権をもっているのかなどを読む人に伝えるための形式的なしるし、それが©マークというわけです。

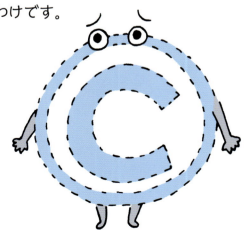

方式主義の存在感はもうほとんどない!?

第3章

合法？　違法？
あなたが裁判官なら

これってどうなる？ 身近な知的財産権の話

有名な芝居を演じたら？

Q 学校の演劇発表会で、シェークスピアの『ロミオとジュリエット』を演じることになりました。このとき、だれかの許可をとらないといけませんか？

　演劇の脚本やそれを和訳したものも著作権のある立派な著作物です。したがって、勝手に演じたり、ましてや勝手に内容を変えたりしては、著作権侵害となります。

　ただし、見る人からお金をとらないこと、演じる人にお金を支払わないこと、お金もうけを目的としないこと、その脚本がすでに公表されたものであることなどの一定の約束を守れば、その内容どおりに演じることについては、だれからも許可を得る必要はありません。

すでにあるお芝居を演じるのは……？

見る人からお金をとっての上演、出演者にお金を払っての上演はダメ！

どんなに上手な演劇だったとしても、脚本をつくった人の許可をとらずに開く演劇発表会ではお金をとってはいけないのが原則です。

第3章 合法？違法？あなたが裁判官なら

もっとも、質問のケースでは別の理由から、著作権侵害にはならないと考えられます。それは著作権の保護期間です。日本では著作権の保護期間は、つくった人が亡くなってから50年※と決められています。シェークスピアは1616年に亡くなっており、だいぶ前に著作権の保護期間が過ぎていますので、学校でシェークスピアの脚本を使った演劇を行っても、問題にはなりません。

ただし、海外作品で、それが和訳されたものである場合は、それを日本語にした訳者にも著作権があります。その著作権がまだ保護期間中であれば、日本語訳の著作権者の許可が必要です。

マメ知識
本や美術品、音楽などの著作権は著作者の死後50年間保護されますが、映画は公表されてから70年が保護期間と決められています。

死後50年経ったならだれが使っても大丈夫！

許可なしに上演しちゃダメでしょー！

著作者が亡くなってから50年経てばいいんだもん。

日本では著作者が亡くなってから50年を過ぎると、著作権の効力は失われてしまいます。それが偉大な劇作家だったとしても……です。

A だれの許可も必要ありません。ただし、脚本の日本語訳者の著作権がまだ保護期間中であれば、許可が必要です。

※2015年10月に行われた環太平洋パートナーシップ協定（TPP）の交渉において、著作権の保護期間を20年延長することがほぼ決まりました。正式決定されれば、著作権の保護期間を著作者の死後70年とする法改正がなされる見通しです。

これってどうなる？ 身近な知的財産権の話
プライバシー権とパブリシティ権

Q 道を歩いていたとき、偶然芸能人を見つけました。そこで、ブログやSNSにのせようと思って、こっそり携帯電話のカメラ機能を使って写真を撮影しました。何か問題はありますか？

プライベートな生活をほかの人に見られたくない人は多いと思います。こうしたプライベートの情報を勝手に公表されないようにする権利は「プライバシー権」とよばれます。ただし、私生活のすべてがプライバシー権によって守られるわけではありません。だれもが見られたくないような情報など、一定の要件を満たすものだけが保護されるのです。また、たとえば政治家などは、たとえそれが私生活であっても、国民がその情報を知るほうがよいものは守られないこともあります。

あっ！有名人！でも勝手に撮った写真を使ったりするには注意が必要です

有名人のプライバシー権は一般人より制限されているかもしれませんが、肖像権はあり、またパブリシティ権という職業上の権利も持っています。

第3章 合法？違法？あなたが裁判官なら

さて、問題の芸能人はというと、テレビや雑誌などでよく知られた人であっても、政治家などと比べると国民がその私生活を知る必要性は低いので、それほど制限はされません。しかし、道を歩いているときに偶然見つけた芸能人を撮っていいか、そしてそれをブログなどにのせていいかどうかは、本人に確認してからのほうが安全ですし、礼儀でもあります。

また、有名人だからこそ持っている権利もあります。ものを売るとき、有名人の顔形や名前を宣伝などに使うことで、より売れることがよくあります。そのため、こうした有名人の顔形や名前を守る権利があるのです。これは「パブリシティ権」とよばれます。

有名人の名前がお金になる

最近では野球やサッカーゲームで実際の選手の名前を使ったものが多くなりました。これも購入者がそのゲームを「買いたい」と思う大きな理由のひとつになるでしょう。したがって、これも彼らが所属するプロの選手会などの許可を得ています。

ミニコラム だれでも持っている「肖像権」

有名人ではない、一般の人たちも肖像権という権利を持っています。これは自分の顔写真や肖像画（似顔絵など）を、自分の知らないところで勝手に使われないようにする権利です。たとえばホームページやブログ、SNSなどで他人の写真を使う場合には、許可をとるようにしましょう。

その状況で写真を撮られるのがいやかどうかを考え、のせてよいかどうかを確認するようにしましょう。また、撮影した写真を商売に使えば、パブリシティ権の問題が出てくることもあります。

これってどうなる？ 身近な知的財産権の話
映画館で録画したら？

Q 友だちと映画を観に行きましたが、眠たくなってきました。そこで自宅に帰ってから見ようと、携帯電話のビデオカメラで映画を撮影しました。何か問題はありますか？

まずはテレビ番組の場合で考えてみましょう。著作物であるテレビ番組を勝手に録画して見ることは、違法になるでしょうか？ 録画した番組を売るなどしてお金もうけをしようとすれば違法です。しかし、テレビ番組の場合は自分や家族など、ごくかぎられた範囲での利用の際には、私的使用と見なされ、違法にはなりません。

テレビ番組を家族で見るだけならいくら録画してもOK！

テレビ番組の録画は「私的使用」です！

テレビ番組を録画して家族で見るのは「私的使用」。過去に映画館で上映された作品であっても、違法にはなりません。

第3章 合法？ 違法？ あなたが裁判官なら

では、映画館ではどうでしょうか？ 映画の場合、著作権法とは別の法律で盗撮、つまりかくし撮りが禁止されています。2007年、「映画の盗撮の防止に関する法律」ができました。この法律では、映画館での録画・録音を「盗撮」としてあつかうことにしたのです。そのため、私的使用が目的であっても、勝手に撮影すれば法律違反となります。

もし映画館での盗撮が見つかった場合は、懲役10年以下、もしくは1000万円以下の罰金またはその両方、とかなり重い罰が科せられることがあります。映画館で録画や録音をするのは絶対にやめましょう。

自分で見るだけでも映画を録画するとつかまります！

映画は個人で楽しむだけでもダメ！

自分で見るだけなのに……。

マメ知識
映画館で上映されている映画はビデオ撮影だけでなく、音だけを録音しても違法となります。過去にこうした「録音だけ」のケースでつかまった人もいるようです。

「一人で楽しむだけ……」。それでも映画館で上映された作品を撮影すると、「盗撮」になります。「知らなかった」ではすまない、重い刑罰が待っています。

A 映画館での映画の録画・録音は、法律で禁止されています。

これってどうなる？ 身近な知的財産権の話
本の一部を宿題に使いたい！！

夏休みの宿題のレポートに、ほかの本の文章をそのままのせたいのですが……？

　図書館で宿題のテーマについて調べていたあなた。ほかの本に書かれた文章で、宿題に関係のあるものを発見しました。そのとき、「この文章をそのまま使いたい！」と思いましたが、はたしてそのままのせていいものかどうか……。すでにこの本をここまで読んできたなら、当然、わいてくる疑問だと思います。

　結論からいえば、決められたルールさえ守れば、宿題のレポートにほかの本に書かれている内容をそのままのせても大丈夫です。

これを、こっちへ！
そのとき、知っておかなきゃならないことは……？

本の題名や書いた人の名前がわかるようにする必要があるよ！

ほかの本の文章などをそのままのせるときには、ルールを守らなくてはいけません。

44

第3章 合法？ 違法？ あなたが裁判官なら

　これまで見てきたとおり、本に書かれた内容は著作権によって保護されていることが多いです。したがって、勝手に本の内容をコピーしてはいけないというのが原則です。しかし、その例外として、「引用」という、そのままのせる使い方が法律で認められています。すでに世の中に公表されている本や雑誌の内容を、研究や批判、報道のためにそのまま使うことは許されているのです。

　ただし、どこが引用した部分か、読む人にわかるように書く必要があります。わかるようにするための書き方に決まりはありませんが、自分の文章と引用部分を区別する必要があります。かぎかっこでくくってもいいですし、わくをつけてもよいでしょう。

　また、どの本から引用したのかがわかるよう、書いた人・本の名前など出所表示をきちんと書くのを忘れないでください。

この本の文章を宿題のレポートにそのまま使いたい！ そんなときは……？

★ 本の内容を引用するとき書いたほうがよいことは ★

引用したもの	書くべきこと
本	書いた人の名前、本の題名、本を出した出版社の名前、本が発行された年、参考にしたページなど→これらの情報は本の最後のページ（「奥付」といいます）を見るとわかるよ！
新聞	新聞が発行された年月日、新聞の名前、朝刊か夕刊か、参考にしたページ、記事のタイトルなど
雑誌	参考にした記事を書いた人の名前、記事のタイトル、雑誌の名前、雑誌を出した出版社の名前、雑誌の巻数・号数、雑誌が発行された年月日、参考にしたページなど
ウェブページ	ウェブサイトの運営者、ウェブサイトの名前、参考にしたページがつくられた年月日、ウェブサイトのURL、そのページを調べて記事を見つけた年月日など　※内容が更新されて参考の記事が消えてしまう場合もあるので、記事を見つけた日にちを忘れずに書きましょう。

 研究や分析などのためには、決められたルールさえ守れば、ほかの本の文章をそのままのせても問題ありません。

これってどうなる？ 身近な知的財産権の話
海賊版をダウンロード!?

Q 動画サイトに、CDやDVDで販売されている音楽や映画が違法にアップロードされています。ダウンロードしても大丈夫でしょうか？

　権利者の許可なく配信されている音楽や映像は、「海賊版」とよばれます。海賊版のアップロードは以前から違法でしたが、2010年から一定の音楽や映像の海賊版であることを知りながらダウンロードすることも、刑罰はないものの違法になりました。それにもかかわらず、その後も海賊版の配信やダウンロードは増える一方でした。

アーティストや作曲家、映画監督の生活をささえているのはほかでもないあなたなのです！

2010年から一定の海賊版のダウンロードが違法になりました。それでもダウンロードする人の数はなかなか減りませんでした。

CDショップで支払ったお金　めぐりめぐって　作曲家や映画監督、アーティストなどの元にいきます

第3章 合法？ 違法？ あなたが裁判官なら

　そこで、2012年には刑罰がもうけられ、海賊版の音楽や映像が有料で売られていることを知り、しかもそれが海賊版だと知りながらダウンロードした者には「2年以下の懲役または200万円以下の罰金（またはその両方）」が科されることになりました（なお、この刑罰は親告罪といって、権利者からの訴えがないかぎり、罪に問われることはありません）。

　では、どうして海賊版をダウンロードしてはいけないのでしょう？

　考えてみてください。たとえば、あなたがつくった音楽や映画が、勝手に配信されていたとしたら……。本来は、だれかが見たり聞いたりすれば、お金をもらえるはずの作品。そのお金がもらえなかったとしたら、次の作品をつくるために必要なお金もなくなってしまいます。

　音楽や映画をつくる人がいなくなってしまったら、将来、新しい作品が生まれない日が来てしまうことでしょう。あなたが作品に支払っているお金は、新たな作品を生み、アーティストを育てるためのお金でもあるのです。だからこそ、海賊版をダウンロードしてはいけません。あなた自身が将来、音楽や映画をつくる仕事につきたい、と考えてみるとよくわかるでしょう。

いくらつかまえても次々と出てくる海賊版……

海賊版のダウンロードはやめましょう

買う側のあなたが、いつの日かつくる側になるときが来るかもしれません。その日のためにも、いま海賊版をダウンロードすることはやめましょう。

A 「海賊版」のダウンロードは違法です。音楽や映画などの明るい未来につながりませんのでやめましょう。

これってどうなる？ 身近な知的財産権の話

ゆるキャラが採用されたら？

 私の街で「ゆるキャラ」の案を募集しています。もし自分のデザインが採用されたら、どんな知的財産権で守られますか？

　キャラクターのデザインをつくった時点で、あなたにはそのデザインについて著作権と著作者人格権が発生します。その「ゆるキャラ」のデザインに応募する場合には、募集した自治体に著作権をゆずるという契約を交わすことも多いようです。
　そうなると、あなたには一切権利がなくなるのでしょうか？
　ゆるキャラをつくった人の権利には「著作権（著作財産権）」と「著作者人格権」があります。ゆるキャラのイラストを広告に使ったり、グッズをつくったりという商売に関することは、著作権と著作者人格権の両方に関係しています。

さよなら……？
でも勝手につくり替えたりはできません！

著作者人格権は捨てないわ。

姿を変えられちゃうかもしれないよー！

著作権をゆずりわたすと、あとはもう自分のものじゃなくなる？ いいえ、そんなことはありません。

第3章 合法？ 違法？ あなたが裁判官なら

　もし、キャラクターをつくった人が著作権を自治体にゆずりわたしたとしても、「著作者人格権」は人にゆずることはできないとされています。キャラクターのデザイン画を描いたあなたが、そのキャラクターをいつ、どういうかたちで公表するか、そしてキャラクターのデザインを勝手に変えられないという権利などを持つわけです。

　そこで、著作権をゆずるのと同時に、著作者人格権について行使しませんという合意をすることが多いと思います。むずかしい言葉ですが、かんたんにいえば「どう使ってもかまわないよ」という合意です。これがないとゆるキャラを採用した自治体や企業は、広告に使ったりグッズを作ったりするたびにあなたから許諾を得なければならなくなり、ゆるキャラが活用されにくくなってしまいます。

キャラクターの絵は2種類の権利で守られています。

 著作権と著作者人格権で守られます。実際には著作権をゆずったり、著作者人格権を行使しないことを約束するように求められたりすることもあります。

これってどうなる？ 身近な知的財産権の話
同時に発明が生まれたら？

もし二人が同時に同じ発明をして、特許権を取得しようとしたらどうなりますか？

　同じ発明については、この世でたった一人（または一つの共有者のグループ）だけが特許権を保有できることになっています。そのため、同じ発明で特許を出願した場合には、少しでも先に出願した人が優先されます（ただし、国によって制度はことなります）。つまり、先に発明してもほかの人より特許出願が遅れてしまえば、特許権を取得することはできないのです。

発明完成バンザーイ！
でも、そのときだれかがこっそり……？

先に出願した者が勝ち！

先に発明をしたとしても、特許出願が遅れてしまうと、権利を取得できなくなってしまうかもしれません。

第③章 合法？ 違法？ あなたが裁判官なら

では、同じ日にたくさんの人が発明をしたらどうでしょう。そんなことはごくまれですが、こうした場合にどうするかも法律できちんと決められています。

現在の日本では、同じ日に特許出願をした場合、話し合いでどちらが権利を取得するかを決めることになっているのです。ちなみに、商標登録も同じで、同日に出願があるときには話し合いをすることになります。それでも決まらない場合、商標登録では「くじ」によって決められます。当たった人が商標権を取得し、はずれた人は商標権を取得することはできません。

**えー!? くじ引き？
ウソのようだけどこれホントの話です**

この中でたった一人だけが商標権を取得できる！

特許庁 商標課の職員

出願者　出願者　出願者

同じ日に商標登録の出願があり、くじ引きが行われるのは、非常にめずらしいケースですが、過去には実際にそうしたことがありました。

同日に同じ商標についての出願者がたくさんいて、話し合いで決めることができない場合、商標登録の出願ではくじ引きが行われます。

A 先に出願した人が特許権を取得します。同日に出願したときは、話し合いによって決められます。

これってどうなる？ 身近な知的財産権の話
ニセモノを買っちゃった!?

Q 海外旅行のおみやげで買ったブランド品。本物と思って買ったのが、実はニセモノでした。私も罪に問われますか？

　有名ブランドのニセモノは、「商標権」や「意匠権」を侵害した商品です。権利者から許可を得ずにこうしたニセモノを販売すれば、商標権侵害や意匠権侵害となり、権利者から訴えられたり、10年以下の懲役や1000万円以下の罰金、もしくは両方が科されることがあります。
　では、それを買った人はどうなのでしょうか？

ニセモノは法律に違反した商品です

ニセモノと知りながら買うと、つかまるかもしれないよ！

ニセモノとわかったら買ってはいけません。もし大量に買ったりすれば、犯罪に加担しているのではと疑われることもあります。

マメ知識
過去には、オークションでニセモノの高級バッグを販売していたとして、逮捕された人がいます。その人はバッグを売る目的で、中国から大量に輸入していました。

第3章 合法？違法？あなたが裁判官なら

商標権は商標登録で指定された商品やサービスについて、その商標を使うことを独占できるものです。ニセモノを1つや2つ買っただけでは商標権侵害にはならず、刑事責任を問われる可能性はほとんどないといってよいでしょう。ただし、注意が必要なのはニセモノと知りながら、それを大量に購入した場合です。買ったニセモノを他人に売るのが目的ではないか、と疑われる心配があるからです。

万が一、ニセモノを他人に売りつけたりすれば、商標権の侵害になることもあります。ニセモノと知っていて、相手にそれを伝えずに売れば、さらに詐欺罪（10年以下の懲役）の対象にもなるかもしれません。

トラブルに巻きこまれないようにするためにも、ニセモノとわかったら絶対に買わないようにしましょう。

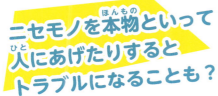
ニセモノを本物といって人にあげたりするとトラブルになることも？

A 知らずにニセモノを買ってしまっただけでは、商標権侵害にはなりませんが、人に売ったり、あげたりするときには注意しましょう。

これってどうなる？ 身近な知的財産権の話
本物に似せたお菓子？

実際にある車や電車などをまねてケーキをつくったら、何か問題はあるでしょうか？

　このケースで問題となり得るのは、①意匠権侵害、②商標権侵害、③不正競争防止法違反です。このうち意匠権は、同じような商品についてだけ権利が有効です。つまり、鉄道会社がケーキにまで意匠権を取得していなければ、侵害にはなりません。
　また、商標権も商品やサービスを指定するものなので、意匠権と同様、ケーキについて権利を取得していなければ侵害になるおそれはありません。

実際の電車に似ている？
でも家庭で楽しむだけなら……

商品として売り出す場合には、鉄道会社がどこまで権利を取得しているかに気をつける必要があります。

第3章 合法？ 違法？ あなたが裁判官なら

　問題となり得るのは、不正競争防止法で禁じられている「他人の商品の名前など（有名なものや有名とまではいえなくても広く知られているもの）と類似」に当たらないかという点です。その際、問題となるのは、どれだけ似ているか、買おうとする人が見てその鉄道会社のケーキだとまちがえないか、などです。

　もっとも、商売をしようとする場合にはこれらに気をつける必要はありますが、家庭で個人的にケーキをつくって楽しむくらいなら問題になることはないでしょう。

パンやケーキについてまで権利が取得されていなければ大丈夫！

車では名前を商標登録しているケースが多い！お店で売るときは名前に注意！

自動車をパンにつくり替えて売っても、問題となるケースは少ないといえます。

A 個人的に楽しむ分には問題なし。ただし、商品にする場合には気をつけて！

これってどうなる？ 身近な知的財産権の話

ベストセラーのパロディ⁉

Q よく売れている商品の名前を少しだけ変えて、新たに別の商品を売り出そうと考えています。何か問題はあるでしょうか？

　北海道で売られている有名なおみやげに、「白い恋人」というお菓子があります。2010年、これのパロディとして、お笑いタレントなどが所属する芸能事務所・吉本興業が「面白い恋人」というお菓子を売り出したのです。

　「白い恋人」の販売会社である石屋製菓は、商標権侵害および不正競争防止法違反として、販売中止と商品の廃棄を求めて吉本興業を訴えました。

　この事件で問題となったのは「面白い恋人」と「白い恋人」は似ているのか、という点でした。商標が似ているかどうかは、見た目、呼び方、商標のもつ意味合い、などで判断されます。「面白い恋人」と「白い恋人」とは明らかに商標のもつ意味合いがちがいます。また、吉本興業はパロディであることを宣伝していたので、ふつうの人はまちがえて買ったりはしないとも思えます。

似ている？ 似ていない？

「白い恋人」×「面白い恋人」事件の結末は、和解というかたちで幕を閉じました。「白い恋人」の歴史は守られましたが、パロディとして許容されるのか、商標権侵害や不正競争防止法違反となるのかは、むずかしい問題として残されています。

写真提供：朝日新聞社

第3章 合法？違法？ あなたが裁判官なら

不正競争防止法では有名な他人の商品の名前などを自分の商品などに使うことが禁止されていますが、やはりパロディ商品として注目されていたことなどから、違反になるかどうか議論されていました。

パロディはどこまで許されるのか、という意味でもどのような判決が出るかが注目されていましたが、判決が出る前に和解となりました。

結局、吉本興業が「面白い恋人」のパッケージデザインを変更し、さらに販売範囲を関西6府県に限定することになったのです。

商品のイメージは、長い時間をかけてつくられていくものです。仮にパロディという考えでつくったとしても、すでに築かれた商品のイメージをこわすおそれもあります。また、実際に被害があれば損害賠償を請求されることもありますので、売れている商品のパロディを考える場合には慎重さが必要です。

パロディは時に商品イメージをこわす武器となってしまうことも……？

時には長い時間をかけて築かれたロングセラーのイメージが、パロディによってこわされることも？

A 「パロディ」がどこまで許されるかは、裁判でも争われているむずかしい問題です。トラブルを起こしたくなければ、慎重に考えたほうがよいでしょう。

これってどうなる？ 身近な知的財産権の話
有名会社の名前を使える？

韓国の「バーバリー」がイギリスのブランド「BURBERRY」と同じ名前なのに、商標登録できたのはなぜ？

　韓国にあるバーバリー餅という会社が「バーバリーあんパン」という商標を登録しようとしました。しかし韓国の特許審査局は、イギリスに有名な洋服の会社「バーバリー（BURBERRY）」があることから商標登録を拒否したのです。これに不服を申し立てたのがバーバリー餅です。

　結論からいえば、この戦いはバーバリー餅が勝利し、「バーバリーあんパン」の商標登録は認められました。

　なぜ世界的に有名な洋服会社「BURBERRY」を差し置いて、「バーバリーあんパン」は商標登録されたのでしょうか。

小さな会社が昔からある大きな会社に挑戦した結果は……？

なぜ韓国の小さな企業がイギリスの有名洋服メーカーと同じ名前を使えたのか？その秘密は業種のちがい、そして韓国内での知名度の大きさにありました。

第3章 合法？ 違法？ あなたが裁判官なら

　バーバリー餅は韓国では有名な会社です。なかでもこの会社で出しているバーバリーおかきは、韓国内の安東地区において特産品としてよく知られているのです。また、イギリスの「BURBERRY」はファッションブランドとして世界的に有名であり、韓国で売られているあんパンが商標登録されても、商売に影響することはないだろうと判断されたのだそうです。

　これも韓国での話ですが、日本に関する問題でもこんなことがありました。

　2015年の6月、韓国で北海道十勝のローマ字商標「TOKACHI」が商標登録出願されました。ところが、十勝は日本でよく知られた地名のため不正と判断され、韓国の特許庁は商標登録を認めませんでした。このほかにも、中国で無関係な人によって『クレヨンしんちゃん』の商標が勝手に登録されていた事件などがありました。

日本のブランド名は海の向こうでも大人気！

「わが国で売れそうなブランドをひと足先に買っちゃおう！」

「よく知られている名前はいけません！」

マメ知識
無関係の人による「TOKACHI」の商標登録は認められませんでしたが、過去に「HIDAKA」や「KUSHIRO」は韓国で商標登録されていたということです。今後も日本の著名なブランド名が、他国で無関係の人によって商標登録されることが心配されています。

A 「BURBERRY」は世界的に有名なブランドなので、商売に影響することはないと判断されたためです。

「自炊」をしたのはだあれ？

最近では、本を携帯電話やパソコンで読む人も増えてきました。なかにはすでに印刷された本の内容をスキャンし、パソコンに取りこむ「自炊」をする人もいます。

自分で楽しむための自炊は違法ではありませんが、最近はこの自炊を代行してお金をもらう業者も出てきています。

2011年、この自炊代行業者が訴えられる事件が起きました。訴えたのは本を書いた人たちと出版社です。

この裁判でのポイントは、本の内容をパソコンに取りこんだのはだれかということです。もちろん、実際に作業をしたのは代行業者です。しかし、彼らは依頼主からの依頼がなければ、作業をすることはありません。依頼主が複製するのを代わってやってあげただけといえなくもありません。

しかし裁判の結果、①具体的に作業をしたのは代行業者である、②パソコンに取りこむために必要な機材は個人では持てない大がかりなものだった、という2点が重要視され、代行業者の行為は違法と判断されました。

依頼されてやっただけでも
機材は大がかりなものでした……

本の内容を複製したのはだれ？ 似たような問題は今後もいろいろなところで起きる可能性があります。

本の著者　　出版社の人

あとがき

　少子高齢化と人口減少が進む日本にとって、国の産業がさらに発展して、経済が成長していくには、日本人が得意とする研究開発やその成果である技術をどう活用できるかがカギになります。また、日本発のマンガ、アニメなどのコンテンツには、海外で人気があるものもたくさんあります。こういった技術やコンテンツを守る知的財産権は、これからの日本、つまり、みなさんがになうこととなる将来の日本社会をより豊かにできる、とても重要なものです。みなさんが将来つく仕事にはいろいろなものがあると思いますが、どんな仕事・会社でも、知的財産権がまったく関係ないということはありません。また、仕事でなくても、学校や家庭などごく身近なところに知的財産権がたくさんあるということは、この本を読んでわかっていただけたかと思います。この本を通じて、知的財産権がどんなものか、少しでも理解していただけたなら大変うれしいです。

　　　　　　　　　　　　　監修者　岩瀬ひとみ(いわせ・ひとみ)

さくいん

あ

- アイデア … 6, 11, 12-13, 22, 24-25, 30
- 育成者権 … 7
- 意匠権 … 6, 15, 26-27, 32, 52
- 意匠権侵害 … 52, 54
- 引用 … 45
- 映画の盗撮の防止に関する法律 … 43
- 営業秘密 … 7

か

- 海賊版 … 46-47
- 回路配置利用権 … 7
- 記号商標 … 29
- 技術 … 11, 24
- 許可 … 38, 41, 46, 52
- 許諾 … 49
- KUSHIRO … 59
- 権利 … 6, 8, 18, 20-21, 24, 27, 29, 41, 48-49, 50-51
- 権利者 … 46
- 工業製品 … 22
- 工業的 … 15, 27
- ©マーク … 36

さ

- サービス … 16-17
- 差し止め請求権 … 31
- 産業 … 11, 25
- 産業財産権 … 7
- 自炊 … 60
- 自炊代行業者 … 60
- 自然法則 … 11, 25
- 思想または感情 … 22
- 実用新案権 … 12-13
- 私的使用 … 9, 42
- 出願 … 12, 24-25, 33, 50-51
- 上映権 … 21
- 上演権 … 21
- 商号 … 7
- 肖像権 … 40-41
- 商標権 … 7, 16, 28-29, 51, 52-53
- 商標権侵害 … 56
- 商標登録 … 17, 29, 53, 55, 58
- 商品 … 12, 14-15, 16, 24, 28, 31, 53, 54, 57
- 商品形態 … 7
- 商品表示 … 7
- 商品名 … 17, 28, 30
- 所有権 … 21
- 新規性 … 11
- 審査官 … 34-35
- 審査部 … 34-35
- 進歩性 … 11
- 信用回復措置 … 31
- 図形商標 … 29

創造的 …………………………………… 22
損害賠償請求 …………………………… 24, 31

た

ダウンロード …………………………… 46
著作権 ……………………… 6, 8, 15, 20-21, 22,
　　　　　　　　　　27, 36, 38-39, 45, 48
著作権侵害 ……………………………… 9, 38-39
著作財産権 ……………………………… 20
著作者人格権 …………………………… 20, 48-49
著作物 …………………………………… 22-23
デザイン ………… 7, 14-15, 26-27, 48-49
TOKACHI ………………………………… 59
特許権 ……………………… 7, 10, 12, 24, 27, 50
特許出願件数 …………………………… 34
特許審査局 ……………………………… 58
特許申請 ………………………………… 34-35
特許庁 ……………………… 12, 15, 32-33,
　　　　　　　　　　34-35, 51, 59
特許庁組織図 …………………………… 35

な

ニセモノ ………………………………… 52-53

は

廃棄除却請求権 ………………………… 31
発明 ……………………………… 10, 12, 18, 25,
　　　　　　　　　　30, 32, 34, 50

パブリシティ権 ………………………… 40-41
パロディ ………………………………… 56
HIDAKA …………………………………… 59
複製 ……………………………………… 60
複製権 …………………………………… 21
不正競争防止法 ………………………… 30-31
プライバシー権 ………………………… 40
弁理士 …………………………………… 32-33
方式主義 ………………………………… 36
保護 ……………………………………… 13, 15, 39

ま

無体物 …………………………………… 6
無方式主義 ……………………………… 36

や

有体物 …………………………………… 6

ら

立体商標 ………………………………… 29
ローマ字商標 …………………………… 59
ロゴマーク ……………………………… 7, 16, 32
ロングセラー …………………………… 16, 29, 57

監修者	**岩瀬 ひとみ**（いわせ・ひとみ） 弁護士。国内外の知的財産関連の取引（ライセンス契約、共同開発契約など）や紛争、個人情報保護法・情報セキュリティ関連の案件、ベンチャー企業の支援業務、一般企業法務などを扱う。早稲田大学法学部・スタンフォード大学ロースクール(LL.M.)卒業。1997年弁護士登録、2003年ジョージ・ワシントン大学ロースクール客員研究員、2004年米国ニューヨーク州弁護士登録。
文	斉藤永幸
イラスト	池田 八惠子
編集・デザイン	ジーグレイプ株式会社
写真提供	任天堂株式会社、株式会社サンリオ、朝日新聞社、手塚プロダクション
参考文献	塩島武徳著『ビジネス著作権検定テキスト初級・上級（瞬解テキストシリーズ）』青月社／中山信弘・大淵哲也・小泉直樹・田村善之編『著作権判例百選 第4版（別冊ジュリスト）』有斐閣

よくわかる知的財産権
知らずに侵害していませんか？

2016年1月5日　第1版第1刷発行

監修者	岩瀬ひとみ
発行者	山崎　至
発行所	株式会社PHP研究所 東京本部　〒135-8137　江東区豊洲5-6-52 　　児童書局　出版部　☎03-3520-9635（編集） 　　　　　　　普及部　☎03-3520-9634（販売） 京都本部　〒601-8411　京都市南区西九条北ノ内町11 PHP INTERFACE　http://www.php.co.jp/
印刷所	共同印刷株式会社
製本所	東京美術紙工協業組合

©g-Grape Co.,Ltd. 2016 Printed in Japan　　　　　　　　　ISBN978-4-569-78517-2

※本書の無断複製（コピー・スキャン・デジタル化等）は著作権法で認められた場合を除き、禁じられています。また、本書を代行業者等に依頼してスキャンやデジタル化することは、いかなる場合でも認められておりません。
※落丁・乱丁本の場合は弊社制作管理部（☎03-3520-9626）へご連絡下さい。送料弊社負担にてお取り替えいたします。

63P 29cm NDC507